簡單。天然。純素。**媽媽味**
陳滿花 著　鄧博仁 攝影 **米料理**

MOMMY'S RICE COOKING : YUMMY FOR VEGANS

〔自序〕

幸福的滋味

　　從一個家庭主婦為家人料理三餐，到因緣際會踏入法鼓山這個大家庭，本著一份簡單平凡的理想，希望大眾能吃得健康、歡喜，在這裡得到做菜的喜悅，品嘗到幸福的滋味，讓我無怨無悔地走到現在。

　　藉著這次食譜的出版，嘗試在現代的飲食文化融入一些傳統的素材，讓口味更有層次，更貼近在地人的飲食習慣，是分享，也是學習，許多不足的地方，祈望前輩諸賢不吝指正。期待大家的共鳴，讓我們把素菜做得更清淨、更環保。

　　感恩觀世音菩薩護佑，家人與親友的配合協助，及所有成就這次出書的人、事、物，讓此書圓滿地劃上句點。

陳滿花　謹識天母

為讓大家吃得健康營養，因此本書建議烹調用油，採用葡萄子油，或橄欖油。醬油採用純釀醬油，鹽則使用海鹽。汆燙與醃菜如需加入少許鹽，不另寫於調味料計量中。

本書使用計量單位

- 1大匙（湯匙）＝15cc（ml）＝15公克
- 1小匙（茶匙）＝5cc（ml）＝5公克
- 1杯（量米杯）＝220公克
- 1碗＝150公克

CONTENTS 目錄

蒸飯&燉飯

炒飯

粥&泡飯

Mommy's Rice Cooking:
YUMMY FOR VEGANS

如何挑選好米？

　　要煮出好吃的飯，首先要挑選出好米。對於市場上林林總總的不同品牌、不同種類與不同價位的食用米，到底應該如何選購？

　　台灣稻米依米質的特性，可以區分為粳米、秈米及糯米三種：

一、粳米：

　　即是「蓬萊米」，外觀形狀圓短，口感軟硬適中，因此我們一般三餐所煮的米大多是屬於這種粳米，常被用來做米飯、壽司等飯食。

二、秈米：

　　即是「在來米」，外觀形狀細長，口感較硬，因此通常不做為米飯食用，而是拿來製作碗粿、蘿蔔糕一類的點心。

三、糯米：

　　糯米分為粳糯米和秈糯米兩種，粳糯米的外觀形狀圓短，因此稱為「圓糯米」，秈糯米的外觀形狀細長，因此稱為「長糯米」。

　　糯米外觀為白色不透明顆粒，不像其他稻米為半透明，因此分辨糯米的方法很簡單，從外觀的顏色，便能明顯地區別出來。由於糯米黏性較強，因此台灣通常不將糯米做為米飯食用，而是用來製作其他種類米食製品，例如粽子、米糕、粿等。

　　如果就米的加工的程度區分，可以分為稻穀、糙米、胚芽米與白米四種：

一、稻穀：

尚未去殼的成熟稻米。

二、糙米：

已去殼的稻米。

三、胚芽米：

糙米的米糠除去後，所剩餘的部分。

四、白米：

將稻米胚層清除乾淨的米。

如何選購最好的米呢？基本上，好米的條件，必須要外觀佳又美味。好米的外觀完整且具有光澤，米粒形狀均一、充實飽滿，顏色的透明度高，不似劣米的粒型大小不一，米中有變色粒、白粉質粒、雜物等，甚至有不新鮮的臭味。好米在烹調後，不但黏性高，充滿米香，而且光澤良好。

市售白米依糧食標示辦法的規定，應該依國家標準等級或實際品質清楚標示品質規格。依照我國政府規定的標準，白米品質分為三個等級，以一等米品質最好，所含雜質、碎粒、白粉質粒等最少，其次為二等米，再來為三等米，每種品質規格皆訂有一定的標準。選購時，要注意包裝袋上標示的內容資料，例如等級、保存期限、碾製加工日期與碾製工廠。最好選購經政府輔導，品管良好的品牌，如CAS良質米廠商所生產的「台灣好米」。「CAS良質米」是行政院農業委員會所輔導認證的優良食米加工廠，以良質米所生產的高級品牌食米。

買到好米，還要留意正確保存米的方法。由於台灣氣候濕熱，米如果放置過久或是存放不當，都容易孳生米蟲，所以購買後，最好能在一個月內食用完畢，以確保美味與新鮮。食用不完的米，最好置於乾燥、陰涼、低溫的環境為宜，可以存放在米桶，或是裝入密封袋、保鮮盒存放在冰箱。

台灣素有稻米之鄉的美譽，生產許多不同品種的優良稻米，大家可以多多選購，並嘗試製作出更多營養美味的米料理。

如何煮出好吃的飯？

　　同樣是煮飯，為什麼有些人煮的飯特別好吃呢？不妨來看看是否在處理的過程中，忽略了什麼重要步驟。

一、洗米：

　　煮飯的第一個步驟是洗米，目的是要除去雜質與米糠，要領為：

　　（一）挑揀出雜質與米糠。

　　（二）不要太用力搓洗，以畫圈方式輕輕快速拌洗即可。

　　（三）只要換兩至三次水即可。

　　（四）洗米水的溫度不宜過高，不要用熱水泡米。

　　由於洗米水的顏色混濁，讓人會不自覺以為要多洗幾遍才會乾淨，其實這是錯誤的。由於米粒中含有很多溶解在水中的維生素和礦物質，例如水溶性維生素B群，洗太多遍會讓營養素溶於水中流失，因此不要清洗過度。洗米的動作要輕快，切勿用力搓揉米粒，以免讓米粒吸入米糠或米的陳舊臭味，影響米飯的清香。

　　此外，洗完米的洗米水十分好用，不要當廢水倒掉，因為它含有澱粉質，所以用來清洗餐具，具有很好的清潔功效。

二、加水：

　　水量的多寡會影響米飯烹煮的口感，水量加多時，米飯煮起來會比較軟；水量加少時，煮起來會比較硬，但也會比較具有彈性。

　　在煮不同種類的米時，需要加的水量也不一樣。通常煮蓬萊米時，1杯米大約需加水1杯，喜歡飯軟一點的人，水量可以稍多一些。此外，如果所煮的米是舊米，

由於米粒本身含水量不如新米多，需要再酌量增加一點水分。

三、浸米：

　　浸米的目的，主要是讓米粒充分地吸收水分，如此煮飯時，由於米粒內充滿水分，可以加熱均勻、糊化完全，讓煮好的米飯不會有外面軟、中間硬的夾生問題。

　　白米吸水速度很快，浸水30分鐘，吸水量可達50％；浸水1小時，吸水量可達80％。通常浸泡白米的時間約為30分鐘。

四、煮飯：

　　將浸泡過的米移入電鍋前，可以滴入少許油，讓米飯會更粒粒晶瑩，香Q鬆軟；也可以滴入少許白醋或檸檬汁，讓米飯吃起來更清香爽口，延長存放時間不變黃。

　　如果是用電鍋煮飯，將內鍋移入電鍋後，外鍋要加入1杯的水；如果是用電子鍋煮飯，則外鍋不用加水。

五、燜飯：

　　米飯煮好後，不要馬上掀開鍋蓋，以免溫度驟降，讓米飯變得乾硬。開關跳起後，需再燜飯約10分鐘，藉鍋內餘熱讓米飯完全糊化熟透，並吸收鍋內水氣，變得鬆軟。

六、拌鬆：

　　由於同一鍋飯的每個部位，煮熟的程度不同，所以燜好飯後，要掀開鍋蓋，把飯拌鬆。拌鬆的方式是以飯杓沿著鍋內邊緣切入鍋底，讓米飯可以由下往上攪拌、撥鬆，如此不但可讓不同部位米飯分布均勻，並能讓多餘水氣揮發，提高米飯的膨鬆度。攪拌好後，蓋上鍋蓋再燜一下即可。

七、完成：

　　盛飯時，不要刻意用飯杓壓飯，盛一碗鬆鬆的飯，吃起來的口感會更佳。如果當日煮的飯吃不完，記得要放入冰箱冷藏。食用前，再從冰箱取出加熱，以確保衛生。

千變萬化的米料理

　　一杯米到底可以變化出多少種米料理？答案應該是無解的，因為米食文化一直隨著人們生活而千變萬化。

　　人類栽種稻米的歷史相當悠久，據學者考證，最早源起於中國，不只在浙江河姆渡遺址有七千年前稻穀的出土，還在湖南道縣玉蟾岩發現一萬多年前的古稻。

　　目前全世界有一半的人口都食用稻米，除了中國，日本、韓國、印度、印尼、馬來西亞、新加坡、泰國、越南……等許多亞洲國家，也都是以米食為主食，米料理已成為東方人的重要飲食特色。不同國家都有不同的招牌米料理，例如中國的粥、日本的壽司、韓國的石鍋飯、越南的河粉等。雖然西方人接觸米食的時間不及東方人久，但是也發展出獨特的料理風味，例如義大利與西班牙的燉飯便舉世聞名。

　　「一樣米養百樣人」，同樣都是米飯，卻因著不同文化背景而各具風情特色。當東西方的米料理打破了國籍界限時，發展性變得更不可限量。

　　到底千年米料理，有哪些千變萬化讓人百吃不膩的招牌菜呢？

一、米粉：

　　是一種將米磨成粉後，加水製成的細長條食品。關於米粉的由來，有一說法是在中國五胡亂華時，北方民眾雖然避居南方，卻想念北方麵食，所以用稻米代替麥子搾條而食。

　　台式炒米粉、米粉湯都是有名的小吃，其中以新竹米粉最受歡迎。最好的曬米粉方式，不是日曬，而是以風吹乾，讓米粉富有彈性。新竹冬季盛吹的東北季風，正是新竹米粉的美味關鍵。

二、米苔目：

是用米漿製成的粉條。「苔目」是台語，「苔」就是製作米苔目的「篩」，由於篩上的小洞，樣子很像眼睛，所以稱為「目」。口味甜鹹皆宜，可以熱炒或煮湯，也可以加糖水做成冰涼甜點。

米苔目又名為「老鼠粄」，這是因為做好的米苔目兩頭尖尖，看起來像老鼠，而客家人習慣稱粉為「粄」。傳至香港後，由於當地人覺得老鼠粄名字不雅，覺得兩端尖頭像針，所以改名為「銀針粉」。

三、河粉：

是用米漿製成的帶狀薄粉皮食品，深受中國南方、港澳與東南亞人們普遍喜愛。河粉有許多同類的食品，很難分辨異同，例如粿條、粄條。河粉的吃法相當多種，熱炒、水煮，或是蒸熟沾醬食用皆可。

四、碗粿：

又稱碗糕，是以碗做為盛裝器皿而得名。碗粿有鹹與甜二種：鹹碗粿是將配料鋪於米漿上蒸熟而成，再配上醬油膏食用；甜碗粿則將米漿拌入糖蒸熟，即可食用。台灣早年很多賣早餐的小攤販，都會賣鹹碗粿，是讓人懷念的傳統小吃。

五、壽司：

是日本傳統食品，用海苔將醋飯及食材包捲起來，切塊食用。壽司可當主食，也可以當做點心，風行全球。壽司的種類繁多，常見的有捲壽司、手捲、握壽司、散壽司。

六、麻糬：

是用糯米製成的點心，柔軟而富有黏性，深受台灣與日本民眾喜愛。由於搗麻糬充滿趣味，成為許多民俗美食體驗常見的活

動。麻糬的內餡有很多種,最常見的是紅豆沙、黑芝麻,也有不包餡料,直接沾花生粉的吃法。手工製作的麻糬,做好後馬上食用,口感最佳,如果放太久,則會變硬。

麻糬除了傳統吃法,現代也發展出許多新的吃法,例如做成麵包內餡、冰品,甚至是直接當成火鍋料。吃法多變,但美味不變。

七、湯圓:

是用糯米製成的點心。湯圓具有全家團圓的吉祥意,中國人在冬至時,有吃湯圓的習俗。湯圓的內餡有很多種,芝麻湯圓是特別受歡迎的口味。湯圓大部分都是水煮成甜湯,也可以用糖拔絲、掛霜,做成不同口感的甜品。

很多人分不清元宵與湯圓有何不同,兩者的最大差別,在於元宵是用篩滾方式搖製,湯圓則是將濕糯米粉糰包入餡料即可。元宵煮湯的口感不像湯圓般滑順,但是若用油炸,則會具有湯圓所沒有的酥脆感。

八、年糕:

是用糯米製成的糕點。過年吃年糕具有壓年與年年高昇的象徵意義。年糕的種類繁多,中國年糕、韓國年糕、日本年糕都各具特色,台灣年糕則有甜、鹹兩種口味,甜的有發糕、紅豆年糕與紅糖年糕,鹹的有蘿蔔糕、芋頭糕。台灣年糕的吃法多變,例如蘿蔔糕,除了直接沾醬,也可煮湯、油煎。

九、鍋巴：

　　原是煮飯時黏在鍋底的一層焦黃的飯，鍋巴用來做菜十分美味，是聞名全球的中國料理。傳說清朝康熙皇帝微服出遊蘇州，一時肚餓難耐，向一村婦求食，但村婦家中只有鍋巴可拌剩菜湯。意想不到的是，康熙皇帝一吃大為讚歎，稱為「天下第一菜」，蘇州鍋巴湯因此名聞天下。

十、臘八粥：

　　是用多種米、豆、果所煮成的粥，營養美味。農曆十二月是「臘月」，十二月八日是佛陀成道紀念日，俗稱臘八節，以吃粥來紀念佛陀。佛陀在修道時，因食用牧羊女所供養的米粥，恢復體力，並在十二月初八成道，因此臘八粥也稱為「佛粥」。

　　粥是中國的傳統食品，中國人習慣以粥調補身體，做為養生長壽的方法。白粥原就極具營養價值，製成藥粥更能保健治病。臘八粥的食材豐富，可以補氣養血、強健脾胃。清代的《粥譜》作者曹燕山，便十分稱許臘八粥的食療功能。

十一、爆米香：

　　做法為將米高溫加熱，膨大爆裂後，再加糖黏合，切塊食用。爆米香可說是台式爆米花，是許多台灣人難忘的童年零嘴。台灣早年常見爆米香師傅在路邊製作爆米香，旁邊總是擠滿小朋友圍觀，每當爆米筒發出爆炸聲，在一陣白色霧氣散開後，便可看見網筒盛滿了白花花的爆米香。

　　米料理如此多變化，不論蒸、煮、炒、燴、燉、烤……等，樣樣都美味。雖然米料理已發展了幾千年，卻總能在不同時代與不同區域文化結合為一，開創出新風味來，讓人即使三餐都吃飯，仍然百吃不膩。

吃飯禪：
吃飯就是吃飯！

　　「吃過飯了嗎？」是中國人習慣的問候語，傳達了濃厚的人情味。但是如果再加問一句：「剛剛吃過哪些東西？」很多人可能就回想不起來了。

放鬆地吃、清楚地吃

　　現代人的生活忙碌，常常都在趕時間，連吃頓飯都吃得緊緊張張，難以放鬆。即使美食當前，仍可能食不知味。吃飯禪正可以幫助人學習如何放鬆地吃、清楚地吃，透過吃飯化解生活壓力，調整不安的身心，產生安定的力量。

　　大部分的人在吃飯的時候，頭腦還在思考，不是在想前面發生過的事，就是在想後面準備要做的事，因此很難靜下心來專心用餐。例如在公司，常常習慣邊看電腦邊吃飯、邊開會邊吃飯；在家裡，則是邊看電視邊吃飯、邊說話邊吃飯，不能單純地吃飯就是吃飯。長期如此，吃飯時頭腦還忙碌思考，胃腸容易消化不良，產生疾病。

　　那麼要如何以「吃飯禪」來吃飯呢？方法很簡單：「全身放鬆，以欣賞的心情，清楚挾菜、咀嚼、吞嚥的每個動作，清楚食物緩緩咀嚼成糊狀和吞嚥的感覺。」但是再簡單的方法，還是要親自去體驗、去練習，才能成為一種有用的生活習慣。只有讓心回到單純吃飯的動作與當下，才能感受到吃飯禪的禪滋味。

會吃飯的人

　　法鼓山創辦人聖嚴法師經常勉勵人們要將禪法運用在生活裡，吃飯、睡覺皆好修行，他認為飯、菜要吃出

味道來，要吃出營養來，而不僅僅是靠烹調出來的味道。最好的味道和營養，要靠自己吃出來。至於要如何吃出營養？吃出味道？要由吃飯的心態與動作來改善。

法師曾在《是非要溫柔》書內的〈歡喜地吃，自然地吃〉一文中，分享吃飯的方法：「真的會吃飯的人，是一邊細細地嚼、快快地嚼、輕鬆地嚼，又能一邊津津有味地吃出營養、吃出美味來。由於嘴裡的唾液本身就具有消化的功能，因此，當食物進入嘴巴裡面就已經開始消化的過程，到了胃裡面就能夠輕鬆地被消化，然後再進到小腸被吸收。經過這三道手續，就能夠徹底地把我們的食物消化並且吸收其中的養分。我通常吃一餐飯的時間，約十五分鐘，時間相當經濟，也吃得津津有味、吃得徹徹底底。這樣的一種吃法，我想是非常重要的。」

食存五觀

佛教道場的齋堂，又名「五觀堂」，提醒人們以五種心態來吃飯。

1. 計功多少，量彼來處：

   食物得來不易，要以感恩心、惜福心來吃飯。

2. 忖己德行，全缺應供：

   反省自己的德行，如何能接受飲食供養，要以慚愧心來吃飯。

3. 防心離過，貪等為宗：

   小心防護自己的心念過失，美食當前不起貪心，劣食當前不起瞋心。

4. 正事良藥，為療形枯：

   將飲食當成是滋養身體的藥，不貪美味。

5. 為成道業，應受此食：

   飲食，是為成就修道。

食存五觀的內容，值得細細體會，慢慢嚼出飯裡的禪味。

如果可以利用三餐飲食的機會，吃飯時專心吃飯，洗碗時專心洗碗，能夠心不二用，餐餐都將是補充身心營養的禪修好時機。

- 高麗福菜飯
- 牛蒡芝麻飯
- 鮮栗紅豆飯
- 菱角筍飯
- 長豆鹹菜飯
- 野菇燉飯

蒸飯＆燉飯

Steamed Rice & Risotto

高麗福菜飯

材料

白米	2杯
高麗菜	300公克
福菜	100公克
乾香菇	3朵
乾黑木耳	10公克
紅蘿蔔	50公克
豆干	3塊
草果	1顆

調味料

醬油	1大匙
糖	¼小匙
鹽	¼小匙
白胡椒粉	¼小匙

做法

1. 白米洗淨，瀝乾水分；高麗菜洗淨，切粗絲；福菜洗淨，切末；乾香菇泡軟，切絲；乾黑木耳泡開洗淨，切絲；紅蘿蔔削皮，切絲；豆干切絲；草果拍碎，備用。

2. 冷鍋倒入3大匙油，開小火，炒香草果後，將草果撈起。將鍋內剩餘的油加入香菇絲爆香，再加入福菜末、豆干絲、黑木耳絲及所有調味料一起拌炒均勻，再加入紅蘿蔔絲、高麗菜絲，繼續炒至菜變軟為止。

3. 將做法2的食材倒入放白米的內鍋，加入2½杯水，把內鍋移入電鍋蒸熟。

4. 電鍋開關跳起後悶10分鐘，打開鍋蓋將飯和菜拌鬆，再蓋上鍋蓋悶一下即可。

料理小叮嚀

● 煮菜飯原則上不管米和菜多寡，水量都要蓋過所有的材料。

媽媽 e私房話

白飯是最常吃的家常飯，如果能偶爾改做菜飯，搭配一些不同的菜色做變化，可以讓家人感到驚喜。菜飯的料理重點在於菜的配色要鮮明，如此飯的變化感才會豐富好看，因此特別搭配多種不同顏色的食材。

福菜是傳統的客家美食，做法為將芥菜放入罈內，封住罈口後，倒覆於地上，避免空氣灌入，影響發酵，因此被稱為「覆菜」。客家人因「覆」字發音與「福」字相似，所以改稱「覆菜」為「福菜」，希望吃福菜能帶來福氣。

福菜也可以用梅干菜代替，一般農會超市都可以買到，但選購時，建議購買不含防腐劑的，比較健康。特別選用草果的原因是，它具有一種特殊香味，能夠增加菜飯的獨特性。草果可以在中藥行購買，並請代為拍碎。

牛蒡芝麻飯

材料

白米	2杯
牛蒡	150公克
乾香菇	4朵
紅蘿蔔	50公克
美白菇	1包
薄豆包	2片
熟白芝麻	少許
海苔絲	少許

調味料

醬油	1大匙
鹽	½小匙
白胡椒粉	¼小匙

做法

1. 白米洗淨，瀝乾水分；牛蒡削皮，切絲，浸泡醋水後，撈起；乾香菇泡軟，切絲；紅蘿蔔削皮，切絲；美白菇洗淨，剝小朵，備用。

2. 把鍋燒熱，以1大匙油將薄豆包煎酥後，放涼切絲，備用。

3. 另取一鍋，把鍋燒熱，倒入2大匙油，爆香香菇絲、牛蒡絲、美白菇、紅蘿蔔絲，加入薄豆包，放入所有調味料一起拌炒均勻。

4. 將做法3的食材倒入放白米的內鍋，加入2½杯水，把內鍋移入電鍋蒸熟。

5. 飯蒸熟後，趁熱翻鬆，撒上熟白芝麻。食用前，再放海苔絲即可。

料理小叮嚀

● 牛蒡也可用削鉛筆方式，刨薄片放入醋水，以免氧化。

媽媽の私房話

第一次煮牛蒡飯，是住家樓上的日本太太教的。後來我把它改成純素做法，結果家人吃過反應都不錯，所以每當沒有靈感、不知煮什麼的時候，就煮一鍋牛蒡飯，不但解決一家人吃的問題，也不用外食，既衛生又省錢，這應該是傳統家庭主婦的本色吧！雖然我們身邊有一些人還沒有因緣吃素，有時可以把握互動的機會，改變他們吃的飲食習慣。一天不吃肉，每個人就能減少7公斤的碳排放量，我們可以用直接的行動來愛護這塊土地！

蒸飯

鮮栗
紅豆飯

材料

白米	1杯
新鮮栗子	6粒
紅豆	¼杯

調味料

鹽	¼小匙

做法

1 白米洗淨，瀝乾水分；栗子以滾水汆燙，備用。

2 紅豆洗淨，先用1¾杯水煮開後，熄火，浸泡1小時，備用。

3 紅豆浸泡好後，加入白米、栗子、鹽以及¼小匙橄欖油，移入電鍋蒸熟即可。

媽媽 私房話

日本人習慣在特殊節日時吃紅豆飯，例如生日或是婚禮，因此吃紅豆飯帶有一種祝福的意思。台灣家庭最常見的紅豆吃法，是煮紅豆湯。我覺得紅豆是一種營養成分很高的食物，如果只偶爾煮甜湯來喝，實在很可惜，希望大家可以常常吃它，因此我特別安排了這道鮮栗紅豆飯，把它變成主食，讓大家可以常常煮來吃。

買回來新鮮的栗子，如果暫時還不烹煮，要先洗淨，用滾水汆燙放涼，再放入冷凍庫裡，這樣就不會變黑了。紅豆先煮過的目的是，可以縮短浸泡的時間，準備上會比較方便。

菱角筍飯

材料

白米	2杯
菱角	100公克
綠竹筍	1支
乾香菇	4朵
紅蘿蔔	50公克

調味料

醬油	1大匙
鹽	½小匙
白胡椒粉	適量
花椒粒	1大匙

做法

1. 白米洗淨，瀝乾水分；綠竹筍剝殼去老皮，切片；乾香菇泡軟，切丁；紅蘿蔔削皮，切片，備用。

2. 菱角以加鹽的滾水氽燙過，放涼切半，備用。

3. 冷鍋倒入2大匙油，開小火，炒香花椒粒，待香味出來，將花椒粒撈起。

4. 將鍋內剩餘的油，爆香香菇丁，加入竹筍片、菱角、紅蘿蔔片一起拌炒，並以醬油、鹽、白胡椒粉調味。

5. 將做法4的食材倒入放白米的內鍋，加入2½杯水，把內鍋移入電鍋蒸熟。

6. 電鍋開關跳起後悶10分鐘，打開鍋蓋將飯和菜拌鬆，再蓋上鍋蓋悶一下即可。

媽媽の私房話

原本這道菜想做的是「皇帝豆筍飯」，但為了買皇帝豆，跑了三個市場還是買不到，因此不得不改做「菱角筍飯」。結果等到食譜照片拍完後不久，皇帝豆就又上市了。從中感受到，有些事情是無法預料的，也學習到要接受因緣的自然變化，做完就要放下。如果心裡一直放不下，覺得非買到「皇帝豆」、非做「皇帝豆筍飯」不可，那就會變成煩惱，失去了做菜的喜悅。

長豆鹹菜飯

材料

白米	2杯
長豆	100公克
客家鹹菜	100公克
乾香菇	3朵
秀珍菇	100公克
紅蘿蔔	50公克
芹菜	少許

調味料

醬油	1小匙
糖	適量
鹽	適量
白胡椒粉	適量

做法

1. 白米洗淨,瀝乾水分;長豆洗淨,切段3公分;鹹菜洗淨,切末;乾香菇泡軟,切絲;秀珍菇剝為長條;紅蘿蔔削皮,切絲;芹菜切末,以滾水汆燙,備用。

2. 把鍋燒熱,倒入2大匙油,爆香香菇絲、鹹菜末,炒至香味出來,加入長豆、秀珍菇、紅蘿蔔絲及所有調味料,一起拌炒均勻。

3. 將做法2的食材倒入放白米的內鍋,加入2½杯水,把內鍋移入電鍋蒸熟。

4. 電鍋開關跳起後悶10分鐘,打開鍋蓋將飯和菜拌鬆,再蓋上鍋蓋悶一下即可。

5. 食用時,撒上芹菜末,增加香氣。

料理小叮嚀

- 依鹹菜的鹹度,調整調味料。

媽媽 ᵉ私房話

長豆是台灣人俗稱的「菜豆」,一般都習慣煮鹹粥。這次改用飯來呈現,加入客家鹹菜,讓這道飯的口味不會太單薄。

公婆是莊稼人,記得他們以前經常煮一鍋菜飯和一壺開水,帶到田裡當作午餐。雖然他們不以為苦,但我們吃飯的時候,可曾想到農民的辛苦,內心生起過「誰知盤中飧,粒粒皆辛苦」的念頭嗎?

野菇燉飯

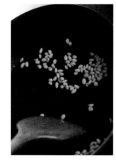

材料

白米	2杯
洋菇	150公克
新鮮香菇	150公克
鴻禧菇	1包
青椒	60公克
松子	40粒
薑	2片

調味料

鹽	1小匙
義大利香料	½小匙
粗粒黑胡椒	¼小匙

做法

1. 白米洗淨，瀝乾水分；洋菇洗淨，片厚片；鴻禧菇剝為小朵；香菇切片；薑切末，備用。

2. 青椒切丁，以加鹽滾水汆燙至熟，放涼，備用。

3. 以乾鍋炒香松子，備用。

4. 把鍋燒熱，倒入2大匙橄欖油，炒香薑末和所有菇類後，再加入所有調味料和白米一起拌炒。

5. 於鍋內放進4杯水，將做法4的食材拌勻後，把飯燉熟。

6. 起鍋前，於燉飯上撒入青椒丁、松子即可。

媽媽e私房話

燉飯是常見的西式料理，煮時往往少不了奶油，而奶味太重的食物，東方人不一定吃得習慣。這道野菇燉飯，完全不加牛奶與奶油，口感較為清爽，並特別加入各種不同的菇類，以增加自然鮮美味。米飯選用家常的蓬萊米即可，不用採購進口米，盡量養成「吃在地，吃當令」的低碳觀念。

在煮燉飯時，要留意燉煮情況，需要打開鍋蓋翻炒，以讓米粒均勻吸收湯汁。義大利香料的香氣迷人，但選購時要注意一下，有些廠牌可能會添加蒜類五辛等非素食成分。

Fried Rice

炒飯

- 泡菜炒飯
- 咖哩炒飯
- 豆腐乳炒飯
- 鳳梨炒飯
- 翡翠炒飯
- 辣椒炒飯
- 苦茶老薑飯

炒飯

泡菜炒飯

材料

白飯	4碗
辣泡菜	100公克
蘆筍	4支
乾香菇	3朵

調味料

醬油	½小匙
鹽	¼小匙

做法

1 辣泡菜瀝乾水分,切小塊;乾香菇泡軟,切丁,備用。

2 蘆筍洗淨,切0.5公分的小丁,以滾水汆燙,待涼,備用。

3 把鍋燒熱,倒入2大匙油,爆香香菇丁後,先加入白飯、醬油、鹽拌炒,再放入泡菜拌炒均勻。

4 最後加入蘆筍丁,即可起鍋。

料理小叮嚀

● 汆燙綠色蔬菜時,加鹽可以保持翠綠,由於蘆筍汆燙時加鹽會軟化,所以建議不加鹽。

媽媽私房話

韓國泡菜很風行,可惜由於加了葷食食材,所以很多素食者無法在韓國餐廳享用,想吃酸辣夠味的泡菜炒飯,還是自己動手炒最過癮!

泡菜炒飯的美味關鍵,在於泡菜的汁不要放入炒飯,以免飯粒太濕,影響口感;但是泡菜也不能擠得太乾,以免味道不足。

炒飯

咖哩炒飯

材料

白飯	4碗
豆干	2塊
蘋果（帶皮）	100公克
杏鮑菇	100公克
青椒	30公克
紅椒	30公克

調味料

咖哩粉	1大匙
月桂葉	2片
鹽	½小匙

做法

1 豆干、蘋果分別切丁，備用。

2 杏鮑菇、青椒、紅椒分別切丁，放入加鹽的滾水中汆燙至熟，備用。

3 冷鍋倒入2大匙油，開小火，先炒香咖哩粉、月桂葉，再加入豆干丁一起拌炒。

4 杏鮑菇丁、蘋果丁略微翻炒一下，以鹽調味後，加入白飯繼續拌炒均勻。

5 最後加入青、紅椒丁一起拌勻，即可起鍋。

媽媽私房話

炒飯用的白飯要用冰過的隔夜飯炒，還是新煮的飯炒最好？每個人的看法都不太一樣，有的人以為炒飯要用隔夜飯炒，才能炒得粒粒分明，其實新煮的飯，也可以達到一樣的效果。此外，隔夜飯容易結塊，炒前還要花時間把結塊的飯糰撥開，而且冰過的飯水分不夠，吃起來口感太乾硬，因此我個人習慣用新煮的飯炒。

在做咖哩炒飯前，要注意所選購的咖哩粉成分，是否為純素，有些咖哩粉的辛香料有蒜。在炒香咖哩粉時，火候不能太大，要用小火，不然味道容易變苦，影響美味。

炒飯

豆腐乳炒飯

材料

白飯	4碗
辣豆腐乳	60公克
新鮮香菇	4朵
三色豆	100公克

調味料

醬油	¼小匙

做法

1 豆腐乳壓碎;香菇洗淨,切丁,備用。

2 三色豆放入加鹽的滾水中汆燙至熟。

3 冷鍋倒入2大匙油,開小火,加入豆腐乳、香菇丁。

4 將香菇丁炒軟後,加入白飯,並用醬油嗆鍋,把飯拌炒均勻。

5 起鍋前,加入三色豆與炒飯一起拌勻。

料理小叮嚀

● 三色豆不一定要買整包的冷凍豆,只要以紅、黃、綠三色蔬菜自由搭配即可。

● 嗆醬油:將醬油從鍋邊淋下,中火煮至醬香味出來。

媽媽 私房話

在艱困的年代裡,豆腐乳是很多人家餐桌必備的一道配菜。有一年在美國和久居當地的朋友聚餐,剛好有人贈送一罐豆腐乳。吃飯配豆腐乳時,從他們臉上可以看到對家鄉的懷念和滿足,勝過整桌的珍饈百味,那一幕一直烙印在心裡,所以這次把它拿來入菜,分享這種幸福的滋味!

炒飯

鳳梨炒飯

材料

白飯	4碗
新鮮鳳梨	150公克
乾香菇	4朵
腰果	30粒
紅蘿蔔	30公克
毛豆	50公克

調味料

鹽	½小匙
白胡椒粉	少許

做法

1 鳳梨去心，切丁；乾香菇泡軟，切丁；紅蘿蔔削皮，切丁，備用。

2 紅蘿蔔丁以滾水汆燙至熟；毛豆以加鹽滾水汆燙至熟，備用。

3 腰果用乾鍋炒香。

4 把鍋燒熱，倒入2大匙油，將香菇丁炒香後，加入白飯、紅蘿蔔丁、毛豆，並以鹽、白胡椒粉調味。把飯炒鬆，再拌入鳳梨丁。

5 撒上腰果後，即可起鍋。

料理小叮嚀

● 由於鳳梨很容易出水，所以不要切得太細。

媽媽 私房話

鳳梨是台灣的招牌水果，除了可以直接當水果吃，還可以變化出許多精彩料理，像是鳳梨苦瓜湯、糖醋鳳梨、鳳梨酥……，其中最常吃到的，應該就是鳳梨炒飯。

鳳梨在料理前，要先去心，這是因為鳳梨心很硬，即使炒過仍無法軟化，口感較硬，所以不適合用於炒飯。鳳梨心的營養成分很高，可以另外煮成鳳梨水果茶。

炒飯

翡翠炒飯

材料

白飯 ………………………… 4碗
青江菜 ……………………… 200公克
熟玉米粒 …………………… 100公克
橄欖菜 ……………………… 2大匙

做法

1 青江菜洗淨，以加鹽滾水汆燙至熟，撈起後，以冷水浸泡，待涼。把青江菜的水分擠乾後，切碎，備用。

2 把鍋燒熱，倒入1大匙油，放入橄欖菜，把白飯炒鬆。

3 放入玉米粒和青江菜，一起拌炒均勻後，即可起鍋。

媽媽の私房話

橄欖菜十分方便好用，不論是用於炒飯或是拌麵，總能為飯菜的美味大大加分。例如有一次禪七，在廚房裡幫忙時，一位香港師姊提供橄欖菜和大家結緣。我便用橄欖菜炒了一大盤炒飯，結果飯才端出去，馬上就一掃而空，可見它的魅力還真不小！

如果在超級市場找不到橄欖菜，可在南北貨商店買到，由於菜本身已帶有鹹味，所以料理時不必再另外加鹽。

炒飯

辣椒炒飯

材料

白飯	4碗
青辣椒	2條
紅辣椒	2條
豆干	4塊
脫皮炒熟花生	50公克

調味料

粗粒黑胡椒	適量
鹽	½小匙
醬油	¼小匙

做法

1. 豆干切丁；青、紅辣椒以輪切法切片，泡水，備用。

2. 把鍋燒熱，倒入2大匙油，先嗆醬油炒香豆干丁，再拌入白飯、鹽、黑胡椒，一起炒鬆。

3. 放入青、紅辣椒片與花生，一起拌炒均勻後，即可起鍋。

媽媽 私房話

不要小看了這道辣椒炒飯，以為只有辣味而已。這道炒飯不但十分開胃，而且香氣十足。為家人做飯的美味關鍵，不在於食材的簡單或豐富，重要的是能否選用新鮮天然的食材，照顧全家人的健康，以及能否開心做飯，讓吃飯的氣氛感覺很輕鬆快樂。希望大家能以簡單愉快的禪心，為全家人煮出滋味豐盛的一餐。

辣椒可以幫助體質寒冷的人，改善體質。但是如果真的不習慣吃辣，可以把辣椒子挖掉，或直接買不辣的辣椒。為家人料理時，體貼家人的不同口味需求，做適度調整，這也是一種慈悲與關懷。

炒飯

苦茶
老薑飯

材料

白飯	4碗
苦茶油	2大匙
老薑	10片
枸杞	1大匙

調味料

醬油	2大匙

做法

1 老薑切末;枸杞以冷開水泡開後,瀝乾水分,備用。

2 把鍋燒熱,倒入2大匙苦茶油,把薑末炒酥後,加入白飯,嗆醬油,炒鬆飯粒。

3 於炒飯上撒上枸杞,即可起鍋。

媽媽 私房話

這道飯雖然極為簡單,飯裡只有老薑和枸杞這兩樣食材,可是在加入醬油、苦茶油後,卻散發出濃郁的傳統飯香,讓人食指大動。這股讓人吃過會懷念的味道,就是阿媽的味道,每次吃時,總是覺得特別溫暖幸福。

粥＆泡飯

Porridge & Tea Soup Rice

- 五行粥
- 地瓜小米粥
- 豆漿粥
- 海帶竹筍粥
- 養生糙米粥
- 茶香泡飯

粥 ....

五行粥

材料

白米	1杯
芋頭	100公克
南瓜	60公克
乾香菇	4朵
白木耳	10公克
莧菜	50公克

調味料

醬油	2小匙
鹽	½小匙
白胡椒粉	適量

做法

1. 白米洗淨,瀝乾水分;芋頭削皮,切小塊;南瓜洗淨,帶皮切丁;乾香菇泡軟,切丁;白木耳泡開;莧菜洗淨,切小段,備用。

2. 把鍋燒熱,倒入2大匙油,爆香香菇丁與芋頭塊,直至芋頭塊表面酥黃,嗆醬油提香,即可起鍋。

3. 另取一鍋,放入7杯水和白米,水滾開後轉為小火,煮至米粒鬆軟,加入南瓜丁、白木耳,讓米粥略滾一下,再倒入爆香的香菇丁與芋頭塊,煮至熟透。

4. 起鍋前,以鹽、白胡椒粉調味,加入莧菜,菜一變色,即可熄火。

媽媽 私房話

每次吃粥的時候,只要想到粥有五利,即除飢、除渴、除風、消宿食、大小便調適,就特別開心、特別好吃,也特別感恩,所以更珍惜一粥一飯的來處不易。

我們何其有幸,生長在有佛、法、僧三寶的地方,衣食無缺,又能聽聞正法,增長智慧。因此,我們更應不斷地種福、培福、惜福,千萬不要「賠福」了。

地瓜
小米粥

材料

小米	150公克
地瓜	200公克
桂圓	20公克
蒟蒻米	100公克
蓮藕粉	1大匙

調味料

黑糖	3大匙

做法

1. 小米洗淨,加入6杯水,浸泡1小時;地瓜洗淨,削皮切丁;桂圓切碎,備用。

2. 蒟蒻米加醋水煮一下,即可撈出泡冷水,以除去怪味。

3. 將泡好的小米放入地瓜丁,以中火煮至水滾,放入蒟蒻米,再加入桂圓,讓水繼續滾一下。

4. 蓮藕粉加2大匙水,調勻為蓮藕粉水做勾芡後,即可熄火。

5. 食用時,再加入黑糖。

料理小叮嚀

● 加蓮藕粉,能讓小米粥更滑口。

● 超市買得到蒟蒻米,可增加飽足感,而且沒有熱量。

媽媽 e 私房話

記得有一次朋友的媽媽生病,想吃小米粥,她就千里迢迢跑到店家買。那時的我很不能理解,為何不自己煮?但畢竟孝心可嘉。

其實只要自己動手,就可以讓小米粥變得更豐富。因此,不必捨近求遠,隨時都可煮小米粥和家人分享,這絕對比買的多一份心意。

粥

豆漿粥

材料

白米	1杯
無糖豆漿	2杯
乾香菇	3朵
白蘿蔔	200公克
中型牛番茄	1個
碧綠筍	1支

調味料

醬油	¼小匙
鹽	½小匙
白胡椒粉	¼小匙

做法

1 白米洗淨,加入5杯水,浸泡30分鐘;乾香菇泡軟,切為細絲;白蘿蔔削皮,切丁;牛番茄切丁;碧綠筍切絲,以滾水汆燙後,放涼,備用。

2 把鍋燒熱,倒入1大匙油,爆香香菇絲,嗆醬油後,即可起鍋。

3 另取一鍋,放入泡好的白米與白蘿蔔丁,一起熬煮至米成粥狀後,再加入豆漿、番茄丁,並以鹽、白胡椒粉調味。

4 起鍋前,撒上爆香過的香菇絲、碧綠筍絲即可。

媽媽 ㄟ私房話

這道豆漿粥,嘗試加入番茄,讓人覺得白裡透紅,秀色可餐,忍不住要吃它一碗。你不妨也試著做做看吧!

海帶竹筍粥

材料

白米	1杯
昆布10公分	1段
大支綠竹筍	1支
新鮮香菇	3朵
嫩薑	30公克
芹菜	適量

調味料

鹽	½小匙
白胡椒粉	少許

做法

1. 白米洗淨，瀝乾水分，備用。

2. 昆布表面稍擦拭，切小塊；香菇切片；綠竹筍剝殼，切細絲；嫩薑切細絲，泡冷開水；芹菜切末，以滾水汆燙，備用。

3. 取一鍋，先放入7杯水和白米，再加入竹筍絲、昆布塊、鮮香菇片，一起熬煮至米心鬆軟，再以鹽、白胡椒粉調味。

4. 起鍋前，撒上薑絲、芹菜末即可。

媽媽私房話

昆布別稱海帶，是一種非常健康的食物，熬煮素湯往往少不了它。有些人在處理食材時，以為昆布表面上的白粉是灰塵，所以會將昆布清洗乾淨再做烹調，其實這一層白粉不是灰塵，而是極具營養價值的木密醇醣粉，因此千萬不要把它洗掉，只要用乾布擦拭一下就好，因為它也是鮮味的來源。

養生糙米粥

材料

糙米	1杯
芡實	20公克
薏仁	20公克
新鮮山藥	100公克
當歸	1片
蔘鬚	3條
紅棗	8顆
蓮子	20公克
腰果	30公克

調味料

鹽	½小匙

做法

1 糙米、芡實、薏仁洗淨,浸泡2小時,瀝乾水分,備用。

2 山藥去皮,切小丁;當歸、蔘鬚洗淨;紅棗洗淨後,每粒劃一刀,備用。

3 把泡好的糙米、芡實、薏仁放入鍋中,加入8杯水,煮滾後,加入蓮子、腰果,改成小火,熬至熟軟。

4 最後放入山藥丁、當歸、蔘鬚、紅棗、鹽,煮到當歸味出來,即可起鍋。

料理小叮嚀

● 如用新鮮蓮子,煮時要稍晚再放入;乾蓮子不須浸泡,反而容易熟。

● 將紅棗劃一刀的目的,是為了讓味道更容易出來。

媽媽 e 私房話

糙米雖然很營養,但煮成乾飯,一般孩子們接受度不高,所以改成煮粥,並添加一些堅果、山藥、薏仁等,光看這些食材就夠營養了。養生糙米粥只以一點鹽提味,但連平常挑嘴的孩子們,都問我什麼時候還要煮?我想是媽媽那份愛孩子的心,暖暖地在他們心頭發酵。

泡飯

茶香泡飯

材料

白飯	1碗
茉香綠茶包	1袋
紫蘇梅	2顆
百葉豆腐	2片
海帶芽（泡開）	1大匙
杏仁片	1大匙

調味料

鹽	¼小匙
醬油	¼小匙
白胡椒粉	少許
七味粉	少許

做法

1. 紫蘇梅去子，切碎；杏仁片洗淨，放入乾鍋，以小火炒香，備用。

2. 把鍋燒熱，倒入½小匙油，放入百葉豆腐，加點鹽，煎至香酥後，切丁，備用。

3. 茶包以1¾杯滾水沖泡開後，將茶汁淋在飯上。

4. 將白飯放上百葉豆腐丁、海帶芽、梅肉，並撒上所有調味料。

5. 最後再於白飯上撒上杏仁片，即可食用。

料理小叮嚀

- 可隨個人喜好，調整茶的濃淡和品種，例如改用玄米茶或烏龍茶。
- 如不想使用茶包，可以自己炒茶。炒茶的方法是將茶葉放入乾鍋，用小火炒出茶香味，放涼磨碎，用細網過篩，留下細茶末代替茶包即可。

媽媽 私房話

我家有飯後喝茶的習慣，在喝茶之餘，會和孩子聊一天當中所發生的點點滴滴，也藉著互動間適時給孩子一些做人處世的基本態度，進而引導他們對三寶的認識。因此，喝茶是我們家的文化，也是一種凝聚力。這次把茶拿來泡飯，不知在你品嘗的當下，體悟到什麼？是茶香？飯香？還是心香？

- 麻婆豆腐燴飯
- 番茄燴飯
- 五香淋飯
- 炸醬拌飯
- 茄香拌飯
- 京醬拌飯

燴飯&拌飯

Rice with Veggie Stew & Rice Mixed with Veggies

麻婆豆腐燴飯

材料

白飯	4碗
嫩豆腐	1盒
乾香菇	3朵
洋菇	200公克
毛豆	50公克
薑末	1小匙

調味料

花椒粉	¼小匙
辣椒粉	¼小匙
辣豆瓣醬	1大匙
糖	1小匙
鹽	½小匙
水	2大匙

做法

1 嫩豆腐切塊；乾香菇泡軟，切丁；洋菇洗淨，片厚片，備用。

2 毛豆放入加鹽的滾水中汆燙至熟，撈起，備用。

3 把鍋燒熱，倒入2大匙油，先放入薑末和香菇丁一起爆香，再放入洋菇片拌炒，接著加入所有調味料和嫩豆腐。

4 起鍋前，加入毛豆拌勻。將麻婆豆腐淋在白飯上，即可趁熱食用。

媽媽の私房話

不論是做燴飯或拌飯，要領在於味道一定要濃郁夠味。食物的味道要濃郁，不一定要靠加很多調味料，像是番茄只要煮久一點，味道自然就會變濃了。燴飯的濃稠度，也需要就季節變化做調整，夏天天氣炎熱，煮稀一點比較順口，冬天天氣寒冷，煮濃一點比較飽足。

麻婆豆腐是常見的家常菜，做法並不難，重要的是要選好的食材，例如洋菇不要買有漂白過的。另外，嫩豆腐不宜太早下鍋，以免容易炒糊掉了。

燴飯

番茄燴飯

材料

白飯	4碗
牛番茄	500公克
新鮮香菇	100公克
美白菇	1包
綠花椰菜	8朵
俄力岡葉	¼小匙
月桂葉	2片

調味料

番茄醬	100公克
醬油	1大匙
糖	½小匙
鹽	¼小匙
烏醋	1大匙
粗粒黑胡椒	適量

做法

1. 牛番茄洗淨，切塊；香菇洗淨，切厚片；美白菇洗淨，剝小朵，備用。

2. 綠花椰菜洗淨，放入加鹽的滾水中汆燙至熟，放涼，備用。

3. 把鍋燒熱，倒入3大匙油，炒番茄醬和番茄塊，加入香菇片、美白菇翻炒後，再加入月桂葉、俄力岡葉和剩餘的調味料及2杯水，小火熬煮成稍微稠狀，淋在白飯上。

4. 在飯旁擺上綠花椰菜，即可食用。

媽媽ㄉ私房話

這道燴飯如果希望味道更濃郁，可以不加水，改用番茄汁替代。平常做飯，我習慣使用顏色偏綠的番茄，因為它的酸味能讓料理吃起來更開胃，例如煮紅燒麵時，就會用這種番茄的酸味做提味。番茄燴飯選用牛番茄的原因，則是因為它的鮮紅色視覺看起來比較美麗，而且硬度較硬，非常耐炒，所以牛番茄也十分適合用來炒飯。由於牛番茄水分少，所以用於炒飯不但易炒，而且口感吃起來更佳。

拌飯

五香淋飯

材料

白飯	4碗
豆干	150公克
麵腸	150公克
蔭瓜	120公克
乾香菇	6朵
熟白芝麻	1大匙

調味料

香椿醬	1大匙
醬油	2大匙
五香粉	¼小匙
白胡椒粉	¼小匙
花椒粉	¼小匙

做法

1 豆干、麵腸洗淨,切為細丁;乾香菇泡軟,切為細丁;蔭瓜切末,備用。

2 把鍋燒熱,倒入4大匙油,爆香香菇丁後,加入香椿醬、豆干丁、麵腸丁,嗆醬油炒勻,再加入蔭瓜末和其餘調味料。

3 於鍋邊淋上1½杯水,以小火熬煮20分鐘。

4 起鍋前,撒上白芝麻。將做好的五香淋醬淋在白飯上,即可食用。

媽媽私房話

五香淋飯,就是素肉燥,這次的食材是新的嘗試,一般都以「皮絲」來當食材,因為是油炸過的產品,所以不是很健康,以前也曾經改用素肉末,但總覺得豆腥味較重,這次我用非基因改造的豆干和不漂白的麵腸,加上一點香椿提味,以蔭瓜帶出自然的甘甜,讓醬料吃起來不會「死鹹」。沒想到家人都喜歡這種煮法,我想愈自然的食材,愈容易散發香味吧!

拌飯

炸醬拌飯

材料

白飯	4碗
五香豆干	100公克
半圓豆皮	2張
乾香菇	3朵
榨菜	50公克

調味料

醬油	1小匙
味噌	1大匙
辣豆瓣醬	1大匙
糖	1小匙

做法

1. 五香豆干洗淨,切小丁;半圓豆皮撕小塊;乾香菇泡軟,切小丁;榨菜切末,備用。

2. 冷鍋先放入1大匙油,再放入豆皮,將豆皮炒酥後,撈起,備用。

3. 另取一鍋,把鍋燒熱,倒入1大匙油,爆香香菇丁、豆干丁、榨菜末後,再把豆皮酥加入,將所有調味料和水(水的高度要蓋過所有材料),用小火煮開。

4. 起鍋後,將做好的醬料與白飯拌勻,即可食用。

媽媽e私房話

炸醬不論拌飯、拌麵都好吃,這道炸醬拌飯也是試做的新口味,豆皮以炒法代替油炸。其實豆皮並不需要油炸,只要一炒就變得香酥。省油、省力,又更健康。因為榨菜每種品牌鹹度不一,所以調味料要酌量加減。

如果有的家人口味較重,也可以自製辣椒醬,讓家人自由搭配。雖然我自己不太吃辣,但在幫寺院做飯時,也會遇到一些無辣不歡的「辣媽」或是習慣吃辣的中國大陸訪客,這時就會另外特製辣椒醬。

辣椒醬的做法很簡單,只要將新鮮辣椒與薑片分別切末,接著開小火用葡萄子油把薑末爆香,再加入辣椒碎末、豆豉,並以一點香椿醬提味炒香後,加一點醬油。起鍋前,淋上香油就大功告成了!

拌飯

茄香拌飯

材料

白飯	4碗
大茄子	2條
洋菇	200公克
薑末	¼小匙
九層塔	適量

調味料

辣豆瓣醬	1大匙
醬油	1小匙
糖	1小匙
烏醋	1大匙
香油	½小匙
水	1杯

勾芡材料

水	2大匙
蓮藕粉	1小匙

做法

1. 茄子洗淨，切2公分的圓片，放入鹽水中略微浸泡一下，即可撈起，瀝乾水分，備用。

2. 洋菇洗淨，切丁；九層塔挑好葉子，洗淨，備用。

3. 切好的茄子放入蒸鍋中，蒸至軟化變色，取出放涼。

4. 把鍋燒熱，倒入2大匙油，爆香薑末，加入洋菇丁炒軟，再加入所有調味料，湯汁煮開後，將蓮藕粉用水調開做勾芡。

5. 起鍋前，趁熱拌入茄子片和九層塔。

6. 將醬料與白飯拌勻，即可食用。

媽媽 ❤私房話

這道拌飯的主角是茄子，茄子只要切好，就要馬上放入鹽水，以免氧化變黑。茄子烹煮前美得像公主，煮後顏色一變，就變成了灰姑娘，這讓很多重視菜色美感的家庭主婦感到頭痛。一般都以為茄子要炸過，顏色才會漂亮不變黑，其實用蒸的效果也很好，而且比較健康，但是也不宜蒸得太久。

拌飯

京醬拌飯

材料

大支杏鮑菇	2支
茭白筍	2支
小黃瓜	2條
豆芽菜	150公克
薑末	1小匙

調味料

醬油	½小匙
甜麵醬	3大匙
香油	¼小匙
熟黑芝麻	½小匙
熟白芝麻	½小匙

做法

1 杏鮑菇、茭白筍洗淨,切絲;小黃瓜洗淨,浸泡冷開水後,切絲,備用。

2 豆芽菜 洗淨,放入加鹽的滾水汆燙,撈起瀝乾,備用。

3 把鍋燒熱,倒入1大匙油,爆香薑末、杏鮑菇絲、茭白筍絲,加入醬油、甜麵醬與2大匙水,煮至熟軟後,淋上香油,撒上黑、白芝麻。

4 將杏鮑菇絲、茭白筍絲放在米飯上,配上小黃瓜絲、豆芽菜,即可食用。

媽媽 私房話

京醬就是「甜麵醬」,是極具滿漢融合代表性的一種調味料,也是北京菜常用的招牌醬料。朋友吃到我做的京醬拌飯,幾乎沒人猜得出食材裡有茭白筍,只覺得口感鮮脆、味道濃郁,十分特別,不像菇類也不像竹筍,卻具有它們的鮮甜度。

茭白筍只是換種做法,就給了大家這樣大的驚喜。想當年滿漢全席的滿漢兩族頂尖廚師,在相互較勁中交流廚藝,應該也不時有惺惺相惜的喜悅吧!聖嚴法師常說「和喜自在」,「我和人和,心和口和,歡歡喜喜有幸福。內和外和,因和緣和,平平安安真自在」。許多經典菜就是在這樣的交流中,不藏私才得以傳世。

DIY 豆芽菜

將豆芽菜去掉頭尾,就是所謂的銀芽。豆芽菜不一定要去市場買,可以自己用茶壺來孵豆芽,方法十分簡單。

■ 做法

1. 綠豆洗淨,用水浸泡2小時以上。

2. 取一個家中燒開水的茶壺,把浸泡過的綠豆瀝乾放入鍋底,覆蓋濕紗布,再蓋上鍋蓋,放置陰涼處。

3. 製作豆芽菜要用過濾水,也可用冷開水代替。每天早、中、晚、睡前,都要換水與瀝乾水分。豆子不用取出來,直接沖水在紗布上,再把水倒乾即可。換水時,有一處需要特別注意,因為豆芽不宜見光,所以不要經常打開蓋子,加水可由壺嘴注水。

4. 夏天持續約3至4天,就有豆芽菜可吃了。

- 米鍋貼
- 春捲包飯
- 白玉飯捲
- 野菜米煎
- 鮮香菇烤飯

包飯＆烤飯

Rice Wrap & Baked Rice

包飯

米鍋貼

材料

白飯	1碗
水餃皮	300公克
瓠瓜	300公克
乾香菇	3朵
薑泥	¼小匙
冬菜	1小匙
麵粉水	適量

調味料

鹽	½小匙
白胡椒粉	¼小匙
香油	1小匙

做法

1 瓠瓜削皮後，刨成絲，用鹽醃軟，將水擠乾；乾香菇泡軟，切細絲，備用。

2 將醃過的瓠瓜絲與香菇絲、薑泥、冬菜和白飯，加入所有調味料，充分攪拌後即成餡料。

3 取適量的餡包入水餃皮，做成鍋貼形狀。

4 不沾鍋內先均勻抹上一層油，排入鍋貼。

5 把油鍋燒熱，先開小火煎鍋貼，再淋上麵粉水，轉為中火，蓋上鍋蓋，利用蒸氣將鍋貼煮熟，等麵粉水形成一層薄麵衣後，打開鍋蓋收乾水分，繼續煎至香酥，即可起鍋。

料理小叮嚀

● 麵粉水做法：將麵粉½小匙、水½杯、香油1小匙，一起調勻即可。

媽媽の私房話

很多人喜歡用水餃當做正餐，但因為素水餃的餡比較沒有黏性，常常一鍋煮出來會裂開好幾個，當媽媽的總是挑破的吃，把完整的留給家人，看在孩子們的眼裡，心中難免不捨。後來想出兩全其美的方法，改用煎鍋貼，不但香酥，也不會有裂開的問題，所以每當剛煎好的鍋貼上桌時，家人「哇」的一聲，洋溢的滿足，那是我做鍋貼最大的樂趣。

春捲包飯

材料

白飯	1½碗
春捲皮	4張
豆干	4塊
客家酸菜	120公克
九層塔	適量
花生粉	適量

調味料

糖	¼小匙
醬油	¼小匙

沾醬

檸檬汁	40公克
生辣椒	10公克
糖	20公克

做法

1 豆干洗淨，切絲；酸菜洗淨，切碎；九層塔洗淨，切碎，備用。

2 把鍋燒熱，倒入1大匙油，將酸菜炒香，先以糖、醬油調味後，再拌入豆干絲，繼續炒至入味後起鍋，放涼。

3 把白飯分成4份，備用。

4 攤開一張春捲皮，鋪上1份飯量，加入花生粉、酸菜、豆干絲、九層塔，包捲成長條狀。

5 平底鍋加入1大匙油，把包好的春捲兩面煎至酥黃後，即可起鍋。沾醬食用，可增加美味。

媽媽 私房話

中國春捲皮要在傳統市場購買，如果覺得不方便，也可改買超級市場的越南春捲皮。通常春捲都是以油炸方式料理，如果不油炸，包好直接吃，就稱為潤餅。但是台灣南部的吃法，習慣用煎的。煎的用油量少，而且一次多包一些放入冷凍庫，隨時都可取出煎熟，十分方便，是很值得推薦的做法。

春捲皮的餡料鹹菜，很有台灣傳統風味，用來炒飯、煮粥都很開胃。由於每家商店醃製的鹹菜，鹹淡不一，因此調味料要再視情況加減調整。吃的時候，花生粉可視個人口味，酌量加點細砂糖。

包飯

白玉飯捲

材料

白飯	2碗
粉皮	2張
榨菜	30公克
金針菇	50公克
燒海苔	2張

調味料

香椿醬	¼小匙
番茄醬	2大匙
糖	¼小匙
鹽	少許

做法

1 榨菜洗淨，切末；金針菇洗淨，切1公分小段，備用。

2 把鍋燒熱，倒入1大匙油，先爆炒榨菜末、金針菇與所有調味料，再倒入白飯一起炒勻。

3 將炒飯拌炒均勻，放涼後，分成2份，即成餡料。

4 攤開一張粉皮，鋪上燒海苔，放入1份餡料，捲成圓筒狀，切段後，即可食用。

媽媽 ♥私房話

這道菜的粉皮最好當天購買當天做，因為不適合在冰箱久放，粉皮一旦變硬後，會不易處理，並且影響口感。也因為如此，由這道菜深深體會到「把握當下」的重要性。

不過，如果粉皮真的因存放過久變硬，無法用來做飯捲，還是有變通的方法。變硬的粉皮可以用來煮河粉湯，滋味也是不錯的。面對不同的因緣，可以有不同的應變智慧，只要心不隨境轉起煩惱，能夠自在接受挑戰，每一種人生滋味，都是美好的禪味。

野菜米煎

材料

白飯	2碗
洋菇	10粒
紅蘿蔔	10公克
高麗菜	100公克
山茼蒿	50公克
麵粉	100公克
水	½杯
檸檬	1粒
腰果沙拉	適量

調味料

鹽	¼小匙
糖	¼小匙
義大利香料	¼小匙

做法

1 洋菇洗淨，切片；紅蘿蔔削皮，切絲；高麗菜洗淨，切絲；山茼蒿切碎，備用。

2 將做法1的食材與白飯、所有調味料、麵粉充分攪拌至有點黏性，適量分成數等份，捏成圓狀，壓扁。

3 把平底鍋燒熱，倒入1大匙油，將做法2的食材放入平底鍋兩面煎酥。

4 食用前，可擠些 腰果沙拉，再磨點檸檬屑撒在上面即可。

媽媽 私房話

這道料理是源於法鼓山常見的寺院料理，有個頗有意思的別名：惜福餅。惜福餅所用的菜，是將每一餐剩下的蔬菜食材，整理起來使用，以感恩十方供養的心愛惜食材，給予剩菜一個新的面貌。

因此，野菜米煎也可將家中剩的飯菜，調以麵粉水，就可煎成惜福餅。如果覺得剩菜不好看，可以加點芹菜末、紅蘿蔔絲，就會變得好看又好吃。對我來說，食材就像個孩子「天生我材必有用」，重要的是如何運用與欣賞孩子的特質，讓他有發揮生命力的機會。

DIY 腰果沙拉

材料

腰果100公克、山藥120公克、豆漿1杯

調味料

鹽¼小匙、熟白芝麻1大匙、糖2大匙、醋2大匙

做法

1. 腰果洗淨，用乾鍋炒香，切碎；山藥削皮，切片，蒸熟，備用。

2. 將所有材料與調味料一起放入果汁機，打至醬汁綿密看不到顆粒即可。

3. 沙拉醬做好後，需放入冰箱冷藏。

鮮香菇烤飯

材料

白飯	⅔碗
大朵新鮮香菇	4朵
味噌	1小匙
腰果沙拉	1大匙
地瓜粉	少許

調味料

海苔醬	1大匙
巴西利	少許

做法

1. 香菇洗淨，放入加鹽滾水汆燙至熟，瀝乾水分；巴西利洗淨，切碎，備用。

2. 將白飯、味噌、腰果沙拉一起攪拌均勻入味，分成4份。

3. 香菇內側抹上少許地瓜粉，鑲上做法2的餡料，放進烤箱，以220℃烤至表面微焦。

4. 烤飯烤熟後，於飯上放上海苔醬，並用巴西利做點綴。

媽媽 私房話

香菇是素食常見的食材，炒菜、煮湯，往往都少不了它，有時不妨試著換個新鮮吃法！

這道料理的要領是，烤飯用的新鮮香菇要先汆燙過，烤的時候，比較不會出水。家裡如果沒有烤箱，也可以用不沾鍋，在鍋內鋪上烘焙用的油紙，放上香菇，蓋上鍋蓋，用小火烤即可。如果有的家人不習慣吃烤飯，改用蒸的也可以。

壽司&手捲&米堡

- 水果壽司
- 握壽司
- 手捲
- 輕壽司
- 豆包番茄米堡
- 牛蒡蒟蒻米堡

壽司

水果壽司

材料

醋飯	240公克
燒海苔	2張
香蕉	½條
小黃瓜	½條
紅蘿蔔（1公分寬）	2長條
滷香菇	8朵
香鬆	4大匙

調味料

芥末	2小匙

做法

1 香蕉對切成2條；小黃瓜洗淨，對切成2條，瀝乾水分，備用。

2 紅蘿蔔削皮，切成與小黃瓜等長的長條後，放入加鹽的滾水汆燙，備用。

3 醋飯分為2等份。

4 將燒海苔放在竹簾上，均勻鋪上一份醋飯，上下預留一些空間，依序將小黃瓜、紅蘿蔔、香蕉、滷香菇 絲、芥末、香鬆貼在醋飯上，緊實捲成筒狀。

5 食用時，切片即可。

料理小叮嚀

● 醋飯的做法：
壽司米和水的比例為1：1。飯要趁熱加入壽司醋，以木杓輕輕攪拌後，用電扇吹涼。

● 壽司醋的做法：
醋、糖、鹽的比例為10：6：1，例如：300公克：180公克：30公克。1碗飯約加1大匙壽司醋，可依各人口味自由調整。

媽媽 私房話

從一開始選米煮飯、拌飯、吹涼、整形、切塊，原本認為簡單的事，卻由於自己的不夠細心、柔軟，一直沒法把壽司美好的一面呈現出來。因此，決定把自己重新歸零，去請教有經驗的人，也到日本料理店觀察師傅拿捏的訣竅。透過這次的因緣，提醒我「平常心是道」，對於習以為常的事，還真不可掉以輕心。

DIY 滷香菇

■ 材料
乾香菇8朵、昆布1段、醬油1大匙、無酒精味醂1大匙、糖½小匙、香油¼小匙、水8大匙

■ 做法
1. 乾香菇泡軟，剪除菇柄，備用。
2. 鍋內加入所有的材料，燜煮至收汁。
3. 放涼，切絲即可。（每條壽司約包2朵香菇絲）

壽司

握壽司

材料

醋飯	400公克
杏鮑菇	8片
青紫蘇葉	8張
薑泥	適量

調味料

醬油	¼小匙
無酒精味醂	¼小匙
黃芥末	2大匙

做法

1. 杏鮑菇洗淨，放入平底鍋，以1大匙油煎香，拌入醬油、味醂，收乾湯汁。

2. 醋飯分成8份。

3. 取1份醋飯，放在手掌心，重複捏緊實成橢圓。

4. 依序把黃芥末、杏鮑菇放置在醋飯上，底部用紫蘇葉托住，上面抹點薑泥即可。

媽媽e私房話

壽司的做法千變萬化，可以自由變化出不同創意。這道握壽司的做法十分簡便，但口感相當特別。烤過的杏鮑菇吃起來的味道很濃郁，但是加上新鮮的青紫蘇葉後，口感卻變得很清爽，淡淡的香氣讓人回味。為讓杏鮑菇更有味，可在煎之前，在每片杏鮑菇上面輕畫幾刀，讓醬汁更容易入味。

手捲

手捲

材料

白飯	200公克
燒海苔	2張
蘋果	½個
紅椒	¼粒
苜蓿芽	適量
蘆筍	4支
腰果沙拉	4小匙
香鬆	4大匙
蔓越莓	1大匙

調味料

鹽	¼小匙

做法

1　蘋果削皮，切為長條，浸泡加鹽的冷開水，撈起瀝乾；紅椒洗淨，切長條；苜蓿芽洗淨；蘆筍洗淨，以滾水汆燙至熟，放涼，備用。

2　白飯分成4等份，燒海苔對半剪成2片，備用。

3　取半張海苔放在手掌上，加入白飯、腰果沙拉、香鬆、蘋果、紅椒、苜蓿芽，順勢捲成甜筒狀，上面撒上蔓越莓，即可食用。

媽媽 e 私房話

有時候孩子們吃不下飯，換個方式一起DIY做手捲，讓孩子有新鮮感。只要家裡有燒海苔、白飯，依個人喜好的食材自由搭配，既可填滿肚子，又可拉近親子關係，讓生活多一點趣味。

壽司

輕壽司

材料

白飯	240公克
燒海苔	2張
番茄乾	80公克

調味料

芥末	1大匙

做法

1. 番茄乾泡冷開水,切為細粒,備用。

2. 白飯分成4等份;燒海苔對半剪成2片,備用。

3. 將半張燒海苔放置在竹簾上,前端留點空間,再放入1份醋飯,加入番茄乾。

4. 壽司封口抹上芥末,捲成細卷。

5. 切成6段,即可食用。

媽媽私房話

這是一道不用準備太多食材的壽司,但因為只用半張海苔,所以包的時候,醋飯不宜放太多,以免捲起來的時候,飯粒被擠出來,弄得黏黏的,面目全非。

餡料的部分可用蔓越莓或紫蘇梅切碎代替番茄乾,也可以包小黃瓜條,做兩種口味,別有一番風味。

米堡

豆包番茄米堡

材料

米堡	4份
薄豆包	2片
牛番茄	1粒
小黃瓜	1條
高麗菜	2片
腰果沙拉	適量

調味料

醬油	1大匙
番茄醬	½小匙
糖	½小匙
白胡椒粉	適量
水	2大匙

做法

1. 牛番茄、小黃瓜洗淨，切片；高麗菜洗淨，切為細絲，泡水後瀝乾水分，備用。

2. 把鍋燒熱，以1大匙油把豆包兩面煎酥，放入所有的調味料，湯汁收乾後，即可起鍋。

3. 滷豆包切半成4片。

4. 取1份 米堡，依序將腰果沙拉、牛番茄片、小黃瓜片、滷豆包片、高麗菜絲夾在中間，即可食用。

料理小叮嚀

● 高麗菜絲在泡冰水時，可以加些檸檬汁。

媽媽 私房話

現代年輕人很喜歡吃漢堡，但老一輩的人還是習慣吃飯，所以嘗試做了米堡。做米堡的難度在於，如何讓米堡的形狀緊實不鬆散，經過多次的反覆試做，發現只要將白米加入具有黏性的圓糯米，就可以增加黏度，達到所需的緊實效果。在做米堡時，手上可以沾一點冷開水，比較不易黏手。

DIY 米堡

材料
白米2杯、圓糯米⅓杯

做法

1. 白米、圓糯米一起洗淨後，放入2⅓杯的水，浸泡10分鐘後，加入¼小匙油，以一般煮飯方式，移入電鍋煮熟，燜15分鐘即可。

2. 煮好的白飯，分成8等份，分別捏緊成扁圓形，在表面上刷點醬油。

3. 放入平底鍋，以1大匙油，煎至微焦即可。

DIY 米堡醬

■ 材料

番茄醬4大匙、甜麵醬1大匙、醬油1大匙、糖2大匙、白醋1大匙、地瓜粉¼小匙、水4大匙、紅辣椒細粉少許、黑胡椒粒適量

■ 做法

將全部材料一起攪拌均勻，用小火煮開即可。

牛蒡蒟蒻米堡

材料

米堡	4份
燒海苔	4小片
牛蒡	100公克
蘋果	4片
萵苣葉	4片
蒟蒻絲	50公克
紅蘿蔔絲	30公克
熟白芝麻	適量

調味料

醬油	1大匙
糖	½小匙
烏醋	¼小匙
鹽	¼小匙

做法

1. 牛蒡洗淨，削皮，切細絲，浸泡醋水，瀝乾水分；蘋果片用鹽開水浸泡一下；萵苣葉洗淨，再以冷開水沖一下，拭乾，備用。

2. 蒟蒻絲放入加醋的滾水汆燙，除去味道後，備用。

3. 把鍋燒熱，倒入1大匙油，炒熟牛蒡絲、蒟蒻絲，再加入紅蘿蔔絲和調味料，撒上白芝麻，即可起鍋。

4. 於兩片米堡中，夾入做法3的食材和蘋果片、萵苣葉、海苔即可。

料理小叮嚀

● 如果家人的口味較重，可以加做 米堡醬，不論是塗抹在米堡內側，或是食材上，都可以增加不同的風味。

媽媽的私房話

食物最主要是為了滋養我們的色身，所以只要營養均衡就夠了。如果對美食過度的追求，往往造成身體的負擔。一旦身體出了問題，就必須付出更多慘痛的代價，那就為時已晚。吃飯看似簡單的一件事，但要改變日積月累的習慣，還真不容易。因此，在禪修用餐時，法師會建議我們以平等心取菜，每一道菜都嘗一嘗，讓我們練習放下對食物的執著。

五穀雜糧粽

材料

五穀米	1杯
圓糯米	1杯
乾香菇	8朵
大支杏鮑菇	2支
栗子	8粒
豆干	100公克
碎菜脯	50公克
雞豆	50公克
薑末	¼小匙
粽葉	16片
棉繩	8條

調味料

醬油	3大匙
糖	½小匙
五香粉	¼小匙
白胡椒粉	¼小匙
鹽	¼小匙
香椿醬	¼小匙

做法

1. 五穀米洗淨，泡水2小時後，瀝乾水分；圓糯米洗淨，不用泡水，瀝乾水分，備用。

2. 乾香菇泡軟，切細丁；杏鮑菇洗淨，以滾刀法切16塊；豆干切細丁；菜脯洗淨，擠乾水分；雞豆、栗子洗淨，分別加入少許鹽，蒸熟，備用。

3. 粽葉泡熱水後，把粽葉兩面沖刷乾淨。

4. 內鍋放入五穀米與圓糯米，再加1¾杯水，移至電鍋煮熟。電鍋開關跳起後，繼續悶煮15分鐘，再打開鍋蓋，把飯翻鬆。

5. 把鍋燒熱，倒入2大匙油，爆香薑末、香菇丁、杏鮑菇塊、栗子，放入所有的調味料和½杯水，煮至入味後，撈起香菇丁、杏鮑菇塊、栗子。

6. 將鍋內湯汁拌入豆干丁、菜脯、雞豆，再加入煮好的五穀飯，一起攪拌均勻，均分8等份。

7. 兩片粽葉相折成三角錐狀，取1份做法6的米飯，先放⅔量的五穀飯，排上香菇丁、杏鮑菇塊、栗子後，再鋪上⅓量的五穀飯，最後蓋上粽葉，用棉繩綑綁成立體三角形。

8. 將包好的粽子放入鍋內，蒸20分鐘即可。

料理小叮嚀

- 杏鮑菇屬海綿體，不宜泡水，只要用水沖一下即可。
- 蒸鍋可用電鍋或炒菜鍋來取代使用。

媽媽の私房話

有一年法鼓山在國父紀念館舉辦遊園會，需要兩萬粒粽子，讓參加活動的人方便取食，又兼顧環保，不用塑膠袋的包裝。面對如此龐大的需求量，自然需要動員很多人力，十分有意思的是，許多老義工們都默契十足的，一聽到消息就馬上趕來臨時搭建的棚子，而且都自動各就各位，人一到就馬上現場包起來。因此，還不到中午，兩萬粒粽子就香噴噴地蒸好了！我想這不是奇蹟，而是大家的願力不可思議。

智慧糕

材料

長糯米	300公克
糯米粉	150公克
碎海苔	1兩
玻璃紙	1張

調味料

醬油膏	適量
白胡椒粉	少許
香油	少許
赤砂糖	20公克

沾醬

花生粉	適量
甜辣醬	適量

做法

1. 長糯米洗淨,泡水4小時,瀝乾水分,備用。

2. 取一深鍋放入1½杯水和碎海苔,攪拌成糊狀後,再加入長糯米、糯米粉、所有調味料,一起拌勻。

3. 托盤鋪上玻璃紙,將做法2的食材倒入托盤,放入蒸鍋。隔水蒸約40分鐘後,用筷子插入米糕內,如米糕具有彈性沒有生米的感覺,即可放涼。

4. 食用前切塊,可沾上沾醬享用。

媽媽の私房話

智慧糕是俗稱的素豬血糕,現稱為「紫米糕」,能夠以慈悲心護生的人,都是「智慧高」的人。

做智慧糕所用的海苔,不必買完整一片的,只要買碎海苔即可。碎海苔是食品廠商在製作整張海苔時,所切出來的多餘不規則邊,價格上會比買完整海苔片便宜。當然,如果家中已有現成的海苔片,還是可將整張海苔撕碎使用。

蒸鍋所鋪的玻璃紙,可用點心紙或甜粿紙取代。如果不喜歡太Q的口感,可以將材料裡的「糯米粉150公克」,酌量改為在來米粉(50公克),加上糯米粉(100公克)。

點心

港都碗粿

 材料

在來米粉	150公克
地瓜粉	1大匙尖
小朵乾香菇	8朵
豆干	2塊
碎菜脯	50公克
香菇末	1大匙
香椿醬	¼小匙

調味料 1

醬油	½小匙
糖	¼小匙
五香粉	¼小匙
水	1大匙

調味料 2

醬油	2大匙
糖	¼小匙
白胡椒粉	適量

 做法

1 在來米粉、地瓜粉以400cc的水調勻製成粉漿，備用。

2 小朵乾香菇泡軟，擠乾水分；菜脯洗淨捏乾；豆干切細丁，備用。

3 把鍋燒熱，倒入1大匙油，放入小朵香菇、豆干丁、菜脯、香椿醬炒香，加入調味料1，煮至入味後盛起。

4 另取一鍋，把鍋燒熱，倒入1大匙油，先炒香菇末，再放入調味料2加水600cc。水滾煮開後，轉為小火，將粉漿慢慢倒入，攪拌成糊狀，熄火。

5 準備四個碗，先以熱水燙過碗後，再把做法4的食材倒入碗內。每碗倒約八分滿，上面鋪上2朵香菇、菜脯、豆干丁。

6 將碗放入蒸鍋，以中大火蒸25分鐘左右，用筷子插入，如果筷子上沒有生粉，即已蒸熟。

7 做好的碗粿，可依各人喜好淋上米醬汁。

媽媽 私房話

孩提時代，賣碗粿的鄰居小孩，常常和我玩在一起。我天天聞著她家的碗粿香，聞久就變成了一種難忘的家鄉味。我長大後北上工作，每次只要吃到碗粿，就會想念兒時的玩伴，不知她現在過得好不好？

碗粿的淋醬米醬汁，是讓美味加分的關鍵。做法很簡單，水1杯、醬油1大匙、甜辣醬2大匙、糖1大匙、在來米粉1大匙，將所有材料攪拌煮開，即成米醬。

燒賣

材料

乾香菇	3朵
芋頭（去皮）	60公克
荸薺	6粒
沙拉筍	50公克
白飯	100公克
地瓜粉	1小匙
餛飩皮	12張
紅蘿蔔末	少許

調味料

醬油	1小匙
鹽	¼小匙
糖	¼小匙
香油	1小匙
白胡椒粉	適量

沾醬

淡色醬油	適量
嫩薑絲	適量

做法

1. 乾香菇泡軟，切細丁；芋頭、沙拉筍分別切細丁；荸薺拍碎，備用。

2. 把鍋燒熱，倒入1大匙油，爆炒香菇丁、芋頭丁至熟後，先加入沙拉筍丁、荸薺，再加入所有調味料，加水1小匙和白飯炒勻。

3. 起鍋前，撒上地瓜粉，與做法2的食材一起拌勻，做成餡料。

4. 取一張餛飩皮，放在手掌心，包入餡料，用虎口輕握，成燒賣形狀，上面放上少許紅蘿蔔末。

5. 用小湯匙把餡料壓平後，放在抹油的盤上。

6. 水滾後，以蒸鍋用中大火蒸8分鐘左右即可，趁熱沾上沾醬享用。

料理小叮嚀

- 燒賣餡料的芋頭丁，在煮的時候有個小技巧，稍微壓一下，可以增加黏度。

媽媽的私房話

燒賣就是要趁熱吃！否則皮會變硬，口感就會變差。這次我試著用白飯來做，喜歡吃油飯的人，也可將餡料改為油飯。其實做菜沒有絕對的好壞對錯，只要勇於嘗試，我們的生命就會更豐富。

台南米糕

材料

糯米	600公克
小黃瓜	2條
煮熟花生	4大匙
海苔香鬆	4大匙
五香淋醬	8大匙

調味料

鹽	¼小匙
糖	1小匙
香油	少許

做法

1. 糯米洗淨，瀝乾水分；小黃瓜洗淨，以輪切片法切成小圓片，拌入所有調味料，備用。

2. 糯米放進內鍋，加入450cc水，浸泡10分鐘後，把內鍋移入電鍋蒸熟。

3. 將煮好的白飯盛入碗中，把五香醬汁淋在飯上，再放上花生、香鬆、小黃瓜片，即可食用。

料理小叮嚀

- 快速煮糯米的方法，米、水的比例為1：0.7。
- 五香淋醬是台南米糕的美味關鍵，可參考第67頁「五香淋飯」的做法。

媽媽 私房話

通常在台北買到的米糕，都是筒仔米糕，想要吃台南米糕，可能需要自己動手親自做。筒仔米糕吃起來口味較為厚重，台南米糕則較為清淡，味道雖然簡單，可是吃起來不油膩，讓人感覺很舒服。食材只有簡單的小黃瓜、花生、香鬆，卻組合出讓台南人懷念的家鄉味。

紅豆糯米煎

材料

圓糯米	200公克
杏仁角	2大匙
紅豆餡	300公克
豆腐皮	1張

調味料

砂糖	1小匙
桂花醬	½小匙
鹽	少許
橄欖油	1小匙

做法

1. 圓糯米洗淨，瀝乾水分，加入160cc水，浸泡10分鐘，備用。

2. 把泡好的米移入內鍋，用電鍋蒸熟，悶15分鐘。將煮好的飯趁熱拌入所有調味料後，再稍微燜一下。

3. 杏仁角洗淨，瀝乾水分，放入乾鍋炒香，再拌入紅豆餡，分成2份。

4. 豆腐皮對半切成2張三角形，於每張豆腐皮內，先放上一層糯米飯，再鋪上餡料，把豆腐皮捲緊。

5. 將平底鍋抹上少許油後，把糯米捲兩面油煎酥黃，放涼後切段，即可食用。

媽媽の私房話

有些人習慣飯後吃點甜食，才算有幸福、滿足的感覺。這道紅豆糯米煎，可試做看看。也許讓你有意外的驚喜。

杏仁角可改用碎核桃，豆腐皮不用的時候，要包起來，以免乾酥破裂。

焦糖米布丁

材料

白飯	2碗
無糖豆漿	1000cc
蘋果丁	少許

調味料

細冰糖	100公克
肉桂粉	少許

醬料

二號砂糖	½杯

做法

1. 冷鍋開小火，加入砂糖，在砂糖未溶化前勿攪拌，等到砂糖溶化後，再加入¼杯熱開水，熬煮到糖沒有結塊為止，做成焦糖糖漿，備用。

2. 用果汁機把白飯、豆漿、細冰糖打到綿密後，把漿汁倒入鍋內，以小火不斷地攪拌均勻，以避免黏鍋。

3. 漿汁煮開後，分裝在容器裡。

4. 在米布丁表面，淋上適量焦糖糖漿，鋪上蘋果丁，並撒些肉桂粉，即可食用。

媽媽 私房話

米布丁是我和家人都十分喜歡的一道小點心。米布丁不但營養健康，而且口味不會太過甜膩，清爽又容易消化。夏天不妨多做一些，存放在冰箱，如果沒有食欲時，可以當做主食，是老少咸宜的餐點。

這是做法很簡單的點心，不容易失敗，只有在煮焦糖糖漿時，要留意一下。不要選用太小的鍋子，以避免被糖漿燙傷。在加入熱開水後，溫度很高，水很容易濺溢出來，要多加小心。

蘿蔔糕

材料

在來米粉	300公克
乾香菇	3朵
白蘿蔔	1200公克
南瓜	¼個
玻璃紙	¼張

調味料

鹽	1小匙
白胡椒粉	少許

做法

1 在來米粉加2杯水，充分攪拌均勻，做成米漿，備用。

2 乾香菇泡軟，切細絲；白蘿蔔去皮，刨粗絲；南瓜削皮，切細絲，備用。

3 把鍋燒熱，倒入1大匙油，爆香香菇絲，加入白蘿蔔絲和所有調味料，一起拌勻炒軟，再加入2杯水。

4 把水煮開後，熄火。趁熱將米漿，慢慢倒入鍋內，攪拌成糊狀後，再加入南瓜絲一起攪拌均勻。

5 把米漿倒入鋪好玻璃紙的蒸鍋內，以大火蒸約40分鐘，蒸透後，取出放涼。可直接切塊享用，或煎熱來吃。

媽媽 私房話

蘿蔔糕這個家喻戶曉，幾乎沒有人不喜歡吃的點心，小時候總要等到過年才能吃得到。現在社會經濟環境進步了，普遍的生活也富裕了，隨時都可買來吃，但反而讓我更懷念早年母親蹲在灶旁，為我們這群孩子蒸蘿蔔糕的身影，彷彿又聞到陣陣的香味。我們不懂事地頻頻催問母親，還要等多久才可以吃……。一幕幕的往事，提醒我孝順不能等。

點心

艾草粿

【餡料】

材料

乾蘿蔔絲（菜脯米）........ 40 公克
乾香菇 4朵
紅蘿蔔絲 20公克

調味料

醬油 1大匙
糖 1小匙
白胡椒粉 .... ¼小匙
香油 .... ¼小匙

【粿皮】

材料

糯米粉 200公克
在來米粉 1大匙
油 1大匙

調味料

細砂糖 2小匙
艾草粉 1大匙

做法

1. 乾蘿蔔絲洗淨，切小段；乾香菇泡軟，切細絲，備用。

2. 把鍋燒熱，倒入2大匙油，爆香香菇絲，炒出香氣後，加入乾蘿蔔絲繼續炒，嗆醬油，以糖、白胡椒粉、香油調味。

3. 起鍋前，加入紅蘿蔔絲炒軟，將做好的餡料放涼，備用。

4. 另取一鍋，將2大匙糯米粉以1大匙冷水揉成糰，分成4塊放入滾水，煮至浮上水面，撈起成熟粉糰。

5. 將剩餘的糯米粉和在來米粉，加入½杯水，以及熟粉糰、油、細砂糖、艾草粉充分揉至光滑，分成8等份。如果粉糰太乾，可適量補充些水再揉勻。

6. 粽葉洗淨，剪成8片，抹上少許油。

7. 取一份外皮，手掌抹些油，壓成扁圓，再將餡料包入，把粿皮開口捏合，用粽葉墊底，放入蒸鍋，水開後，蒸15分鐘即可。

料理小叮嚀

● 艾草粉的料理效果好，而且不受季節影響，採買方便，可在迪化街烘焙店買到。艾草粉可用新鮮艾草或桑葉代替，但要先以滾水汆燙，撈起後，擠乾水分，切碎即可。

媽媽 私房話

艾草粿其實就是俗稱「鼠麴粿」的變化，只是把鼠麴草改用艾草而已。因為鼠麴草有季節性考量，取材不便。鼠麴粿雖然好吃，但總覺得是老一輩的專長，也不知從何下手做起。藉著這次的因緣，才知凡事不須空想，只要有心，如實地去做，並沒有想像中那麼遙不可及。我想，這也是傳統飲食的承先啟後吧！

禪味
廚房 ②

媽媽味米料理

國家圖書館出版品預行編目資料

媽媽味米料理 / 陳滿花著；鄧博仁攝影. ── 初
版. ── 臺北市：法鼓文化, 2010. 11
　　面；　公分
　　ISBN 978-957-598-539-4（平裝）

　1.飯粥　2.素食食譜

427.35　　　　　　　　　　　　　99018370

作者／陳滿花
攝影／鄧博仁
出版／法鼓文化
總監／釋果賢
總編輯／陳重光
編輯／張晴、李金瑛
美術編輯／周家瑤
地址／臺北市北投區公館路186號5樓
電話／(02)2893-4646
傳真／(02)2896-0731
網址／http://www.ddc.com.tw
E-mail／market@ddc.com.tw
讀者服務專線／(02)2896-1600
初版一刷／2010年11月
初版五刷／2017年1月
建議售價／新臺幣300元
郵撥帳號／50013371
戶名／財團法人法鼓山文教基金會－法鼓文化
北美經銷處／紐約東初禪寺
Chan Meditation Center (New York, USA)
Tel ／(718)592-6593
Fax ／(718)592-0717

特此感謝晶華酒店、高野美樹先生、楊文
如女士等提供拍攝協助。